（植物的一生）

（春）　→　（夏～秋）　→　（冬）→（下一年春）

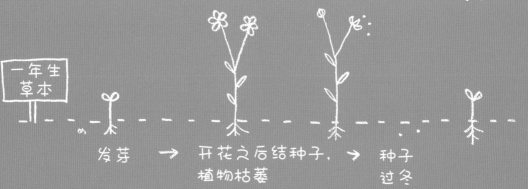

一年生草本			
发芽 →	开花之后结种子，植物枯萎 →	种子过冬	

（秋）　→　（冬）　→　（春）　→　（夏）

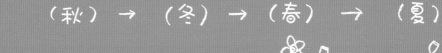

二年生草本			
发芽 →	小小的植株过冬 →	开花 →	结种子，植物枯萎

（早春）→（春～秋）　→　（冬）

多年生草本			
从地下的根上发出芽来 →	开花，结种子 →	地上的部分枯萎 →	只有根过冬

我们身边的
野花图鉴
春夏之花

[日] 前田真由美 / 著

夏 言 / 译

华东师范大学出版社

上海

堇菜

堇菜科
多年生草本植物
身高：10~15 厘米
开花时间：3~5 月

据说在日本，从很久很久以前开始就有野生的堇菜了，种类也非常多，大概有100 种以上。

在奈良、平安时代，堇菜甚至被人们当成蔬菜端上了餐桌。

堇菜生得非常结实，也很耐干旱。即使在路边的柏油裂缝里，堇菜也能大量繁殖。

✳ **堇菜的小伙伴们**

有明堇菜
和堇菜长得很像，不过花的颜色是白色中带淡紫色。

紫花堇菜（立坪堇）
喜欢略潮湿而柔软的土地，会在地面上长出侧枝来繁殖。

香堇菜
原产于欧洲，花有很好闻的香味。会在地面上长出侧枝来繁殖。

✳ 来观察一下它的特征吧

花瓣有 5 片，花的后部有用来储存花蜜的袋子。

无论是长花的茎还是长叶子的茎，都是直接从根系长出来的。

普通的花朵开完之后，会开出一种没有花瓣的花，叫作"闭锁花"。

种子成熟后，外面的荚会裂成 3 瓣，种子就会弹出来。

长叶子的茎上能看到的这部分，是叶子变得细长后形成的。

因为种子上有某种物质是蚂蚁的诱饵，所以蚂蚁会来搬运种子。

往地下深处结实地蔓延开的根。

✳ 名字的由来

据说，以前的木匠为了拉线，会使用一种叫"墨斗"（日语发音类似 sumire）的东西，形状和堇菜的花骨朵很像，所以堇菜的日语发音和墨斗类似。

墨斗

✳ 大花三色堇、小三色堇的祖先

堇菜有一个小伙伴叫"三色堇"，是欧洲的野生植物。人们对这种植物进行品种改良之后，就创造出了大花三色堇以及各种各样的小三色堇。在英语中，三色堇也被称作"Heart's ease"（静心花）。

三色堇

大花三色堇　　　　小三色堇

✳ 堇菜沙拉

堇菜小伙伴们的花是可以吃的。快把花朵摘下来，洗干净，装饰在沙拉里吧！

在院子里开花的小三色堇或者大花三色堇的花瓣也是可以吃的。

✳ 香堇菜还有这些用处

好闻的香堇菜，也会用在肥皂、香水等东西里。

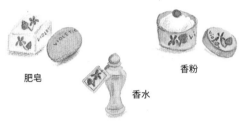

肥皂　　　　　　　　香粉

香水

还有人卖糖浸香堇菜呢，把它装饰在蛋糕上吧！

✳ 来玩堇菜角力游戏吧

把两枝堇菜花钩在一起，用力往两边拉，花先掉落的一边就输啦。

繁缕

石竹科
二年生草本植物
身高：10~20 厘米
开花时间：2~5 月

在空地或者草丛里可以看到很多繁缕。它那柔软的叶子，非常受小鸟和兔子的喜欢。

它在日本作为"春之七草"之一，是人们很早以前就熟知的植物。在江户时代，人们还会把煎过的繁缕和盐混在一起制成"繁缕盐"，当作牙粉来用。

据说它原本的产地是西亚，不过在欧洲也有野生的植株。

❋ **繁缕的小伙伴们**

漆姑草（日语名叫爪草）
长在道路地砖的缝隙等地方。据说因为叶子像爪子一样细，所以日语名叫"爪草"。

雀舌草（日语名叫蚤衾）
可以在田地边缘或是荒地里见到它。"衾"是"被子"的意思。日语名叫"蚤衾"，意思就是"像跳蚤的被子那么小"。

牛繁缕
因为比繁缕大很多，所以人们就起了"牛的繁缕"这样一个名字。茎的上部靠近花的部分生着茸毛。

✳ 来观察一下它的特征吧

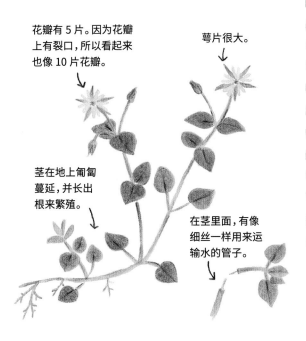

花瓣有 5 片。因为花瓣上有裂口，所以看起来也像 10 片花瓣。

萼片很大。

茎在地上匍匐蔓延，并长出根来繁殖。

在茎里面，有像细丝一样用来运输水的管子。

✳ 从花到种子的变化

（1）

顶着花的茎最开始是向上的。

（2）

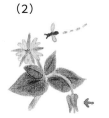

授粉（就是雄蕊的花粉沾到雌蕊上，结出种子或果实的过程）后，顶着花的茎就垂下了（好让后面开的别的花能吸引昆虫）。

（3）

结出种子后，顶着花的茎又变成向上。等到起风的时候，种子就会一点点散落。

✳ 名字的由来

有人说它本来叫"蔓滥（茂盛广泛）草"，后来传错就成了"繁缕"。又因为小鸡很喜欢它，所以英语里也把它叫作"Chickweed"（鸡雏草）。

在欧洲的野生大型繁缕，也被叫作"Stitchwort"（针脚草）。人们觉得这个名字的由来，是它的花瓣很像双线刺绣的针脚。

✳ 繁缕拌饭料的制作方法

（1）只取叶子收集好，洗干净，在向阳的地方整整晒上一两天让它变干。

（2）当它变得很干了，就在研磨钵里把它磨成细细的粉末。

（3）把繁缕粉和相当于它一半分量的盐以及少许芝麻混在一起，这样就完成啦。

涂在饭团上也很好吃。

荠菜

十字花科
二年生草本植物
身高：20~30 厘米
开花时间：3~5 月

作为"春之七草"之一而被人们熟知，也是油菜的小伙伴。

它长在日照充足的路边等地方，会开白色的花，特征是开花后会结出心形的荚。

据说它是很久以前和麦子一起从西亚地区传过来的。

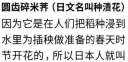 **荠菜的小伙伴们**

圆齿碎米荠（日文名叫种渍花）
因为它是在人们把稻种浸到水里为插秧做准备的春天时节开花的，所以日本人就叫它"种渍花"。它长在土地松软潮湿的地方。

欧洲油菜（西洋油菜）
明治时代，人们为了从它的种子里榨油，把它从欧洲引进到日本。本来是在田地里培育的，现在已经野生化，在河岸边等地方也会生长。

豆瓣菜（和兰芥子）
别名"西洋菜"。
虽然是作为蔬菜从西方引进的，但现在已经在野外生长了。它主要在河岸边等水分充沛的地方成丛生长，又粗又软的茎可以把水分吸得足足的。

✳ 来观察一下它的特征吧

花瓣有 4 片。

叶子的柄仿佛要把茎包住似的。

荚里面分成两边，各自长着种子。

有裂口的叶子。

✳ 名字的由来

据说因为在朝鲜半岛人们叫它"荠"，所以"荠的菜＝荠菜"。它还有一个名字叫"嘭嘭草"，有人说是因为拿着它的茎晃动会发出"嘭嘭"的声响，所以叫"嘭嘭草"。

把长荚的柄的根部稍稍从茎上剥离，然后倒过来转圈晃动。

也有人说是因为它的荚的形状和三味线的拨子很像，总之说法各种各样。

它的英语名叫"Shepherd's purse"（牧羊人的钱包）。因为荠菜荚的形状很像以前牧羊人带的包，所以得名。

✳ 十字花科的蔬菜

和荠菜同属于十字花科的小伙伴中，有很多都是可以吃的。

卷心菜
卷成圆形的叶子可以吃。

大白菜
经霜的大白菜会有甜味哦。

西蓝花
花骨朵可以吃哦。

芝麻菜
叶子有芝麻的味道。

芥菜
把种子磨成粉就成了芥末。

萝卜
叶和茎等都可以吃。

山葵
辛辣的叶子和根都可以吃。

萝卜芽
萝卜刚发芽时候有两片叶子。

✳ 用荠菜的荚制作可爱的手工卡片

如果把心形的荠菜荚做成干花，再贴在漂亮的纸上，就可以做成可爱的卡片啦。

（1）把荚剪下来，夹在笔记本里，做成干花。

（2）把变成干花的荚用胶棒贴在纸上。

可以当成情人节的礼物啦！

鼠曲草

菊科
二年生草本植物
身高：15~30 厘米
开花时间：3~5 月

生长在空地、路边等日照比较充足的地方，会开出小小的黄花。

在平安时代，它的叶子可以用来做草饼。

据说它含有缓解感冒症状的成分，所以也可以用作药材。

✳ 鼠曲草的小伙伴们

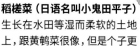

稻槎菜（日语名叫小鬼田平子）
生长在水田等湿而柔软的土地上，跟黄鹌菜很像，但是个子更矮，种子上没有茸毛。

黄鹌菜（日语名叫鬼田平子）
生长在日照充足的空地、路边或柏油裂缝里，只在上午开花，种子上有茸毛。

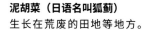

泥胡菜（日语名叫狐蓟）
生长在荒废的田地等地方。个子可以长到将近 1 米，总苞片（见第 12 页）的根部有厚厚的突起。

细叶鼠曲草（父子草）
因为和鼠曲草长得很像所以得了这个名字，生长在空地或路边。会在地面上长出侧枝，用来繁殖。

✳ 来观察一下它的特征吧

花是管状花（见第 31 页，即只有雄蕊和雌蕊，没有花瓣的花）的集合。

开花后会结出带茸毛的种子。

只有雌蕊的小花围绕着既有雄蕊也有雌蕊的略大的花。

总苞片是干巴巴的。

叶子的里侧是泛白的。

叶子和茎上面有一层薄薄的毛。

✳ 春之七草

鼠曲草在古代日本也被叫作"御形"，是"春之七草"之一。

在日本，每年 1 月 7 日，人们会喝下放了"春之七草"的粥。这种习俗是平安时代从中国传到日本的，到江户时代开始变得兴盛起来。

水芹

荠菜

鼠曲草（御形）

繁缕

稻槎菜（小鬼田平子、佛座）

芜菁（菘）

萝卜

✳ 名字的由来

传说在奈良时代，从中国传来的名字"蘩，皤蒿"被人们传错成了"母子草"；以及早春的时候，母子草的样子看起来很像妈妈抱着宝宝，所以名字就写成了"母子草"。

子　母

另外还有一种说法，平安时代仁明天皇和他的母亲相继去世，那时人们将他们母子的身姿比作母子草，"御形"的意思是"天皇的肖像"，因此人们也将它称作"御形"。

✳ 来做个七草粥吧

七草粥可以保养肠胃，还能补充维生素。在临近 1 月 7 日的时候，日本的超市和蔬菜店就会卖"七草"。先要用盐水迅速焯一下"七草"叶子。

⑴ 在锅里放 1 份米、5 份水，用大火煮。煮沸之后换小火，将切碎的萝卜、芜菁等放进锅里，烧大概 20 分钟。

⑵ 等米煮得软软的之后，将之前焯过的其他草切碎后放在锅里，水沸后就关火，盖上盖子，焖 5 分钟。

根据个人喜好加上适量盐就完成啦。

✳ 鼠曲草蜂蜜茶

鼠曲草对感冒有效，把它放在茶里吧！

（1）把摘下来的叶子或花洗干净，放到买来的茶包袋里，然后放入茶壶，注入热水。

（2）过 5 分钟后将茶倒出，多放点儿蜂蜜，再放入柚子或柠檬，趁热喝就可以啦。

附地菜

紫草科
二年生草本植物
身高：10~30 厘米
开花时间：3~5 月

沼泽勿忘草的小伙伴，在日照比较充足的草地等处生长，会开出水蓝色的小巧玲珑的花。

长花的茎会一圈圈地卷起来，就好像蝎子的尾巴一样。

 ❋ 附地菜的小伙伴们

山琉璃草
主要生长在山间树下等地方，叶子和茎上都长着茸毛。花从水蓝色到带点粉色，颜色各不相同。

柔弱斑种草（叶内花）
因为在叶子之间开花，所以日本人叫它"叶内花"。它的茎生得笔直，在春秋之间开花。

沼泽勿忘草（勿忘草）
原产于欧洲，在日本北海道、长野县可以看到野生的植株，是明治时代从海外引进的。它的体形比附地菜还要大。

✳ 来观察一下它的特征吧

花朵呈喇叭形，裂成 5 瓣。

分成四个的果实。

茎、叶、萼片上都生着细细的茸毛。

茎开始是卷曲的，随着下方的花开放，茎也变得笔直。

✳ 名字的由来

如果揉搓一下嫩叶或嫩茎，会闻到黄瓜的味道，所以日本人叫它"胡瓜草"（胡瓜就是黄瓜）。

✳ 附地菜的花束

附地菜拿来做装饰也很可爱。摘下来之后要尽快插在水里哦。

EAU DE LINGE

斜着把茎剪一下，可以更好地吸收水分。

✳ 沼泽勿忘草的诗与传说

欧洲有沼泽勿忘草的诗。

勿忘草

奔流的河岸，一点
天空颜色的，浅蓝
水浪，一个接一个，亲吻它
一边，一个接一个，遗忘它

（河岸边，像天空一样蓝的
一株勿忘草，正在开放。
涌来的波涛，一阵接一阵，
它们对勿忘草献上亲吻。
然后它们又，一阵接一阵，
似乎忘了和它曾见过似的，
离开了它。）

诗 : 威廉·阿伦特（1864 年生于德国）
（日版）译 : 上田敏（1874—1916）
引自《海潮音》（新潮文库）

在德国，有一个因为勿忘草引发的悲伤的传说。

传说在多瑙河的岸边开着勿忘草，一位男性想要摘给他的恋人，却不小心失足跌落河里。于是在奔流的河水中，这位男性大喊道："请不要忘了我！"据说勿忘草的名字与他这句话有关。

药用蒲公英

菊科
多年生草本植物
身高：10~20 厘米
开花时间：3~9 月

　　在路边、空地等向阳的地方经常能看到它。在明治时代，人们将它当成做沙拉的蔬菜从西方引进日本。

　　它比日本原有的蒲公英繁殖能力更强，现在在街道或是住宅区都经常能看到它。

　　如果把它的茎或根折断会流出牛奶一样的液体，里面含有丰富的养分。

❋ 药用蒲公英的小伙伴们

药用蒲公英和日本原有的蒲公英，可以通过总苞片（包裹住花序呈鳞状的叶片）的不同区分开。

← 总苞片是弯曲的。

**药用蒲公英
（西洋蒲公英）**

关西蒲公英
可以在日本西部的田地或森林附近看到，不过数量在减少。

总苞片不是弯曲的。

杂交种蒲公英
被认为是药用蒲公英和日本蒲公英的杂交种。

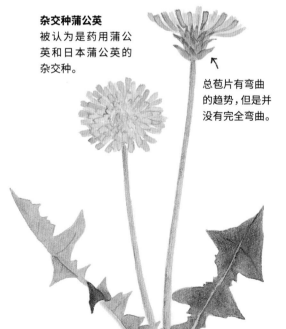

总苞片有弯曲的趋势，但是并没有完全弯曲。

※ 来观察一下它的特征吧

带茸毛的种子。它会乘着风到很远的地方去。

由舌状花（有雄蕊、雌蕊和一片花瓣）聚集而成。

结了种子之后，为了能让种子飞得远，茎会伸得高高的。

授粉之后的花会衰败。（好让昆虫可以落在还没授粉的别的花上。）

有裂口的叶子。

在土里面笔直生长的粗大的根，要花好几年才能变粗呢。

※ 名字的由来

有一种说法是，因为它的花骨朵的形状和鼓很像，所以日本人根据敲鼓时发出的"咚嗙、咚嗙"的声音，给它起名叫"滩泼泼"（音译）。

鼓

因为锯齿状的叶子看起来像狮子的牙齿，所以在英语里它叫"Dandelion"（狮子齿）。还有，因为据说吃了它的叶子容易撒尿，所以在法语里它的名字叫"Pissenlit"（尿床草）。

※ 蒲公英首饰

把蒲公英的茎系在手腕或手指上，就做成了可爱的手镯或戒指啦！

把茎从下面分成两股，打个结。

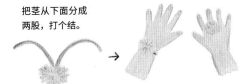

※ 蒲公英沙拉

蒲公英的叶子富含维生素、铁元素、蛋白质等。摘点蒲公英的嫩叶，做成沙拉吧！

（材料）
● 蒲公英嫩叶、生菜、黄瓜、番茄等。
● 半个柠檬挤成汁。
● 盐、胡椒粉、橄榄油（或者沙拉油）少许。

（做法）
将洗干净的蒲公英叶子和蔬菜放在碗里，倒入盐、胡椒粉、橄榄油和柠檬汁，搅拌一下。

再加上水煮蛋、火腿、罐头金枪鱼等等，就可以开动啦。

※ 蒲公英咖啡

将蒲公英的根用小火煎过后，就可以做成咖啡一样的饮品了。不仅没有咖啡因，而且还有很多维他命和矿物质。

根

把蒲公英的根用水煮一下，也可以做成类似牛蒡的菜。

※ 蒲公英咖啡的做法

（1）风干几天，让它的根变干燥。

（2）用小火加热平底锅，然后慢慢煎，直到根变黑。

（3）放到研磨钵里磨成粉。

（4）用咖啡滤纸过滤冲泡。

窄叶野豌豆

豆科
二年生草本植物
身高：30~80 厘米
开花时间：3~5 月

它生在向阳的地方，开很多紫红色的小小的花。

在路边或公园之类的地方可以看到它，有时候从叶子顶端伸出来的蔓须会缠在栅栏上。

原产地是西亚地区，据说很早以前被认为是可以吃的。

❋ **窄叶野豌豆的小伙伴们**

小巢菜（日语名叫雀野豆）
比窄叶野豌豆还要小，所以名字里有个"小"字。花是 2~4 朵聚在一起开。豆荚上有细细的毛，每个豆荚里会结 2 颗豆子。

四籽野豌豆
大小介于窄叶野豌豆和小巢菜之间，所以日本人叫它"乌雀间草"（日语里把窄叶野豌豆叫乌野豌豆）。花是 1~3 朵聚在一起开。豆荚上没有毛，每个豆荚里会结 4 颗豆子。

✳ 来观察一下它的特征吧

从叶子顶端伸出的两三条蔓须。（根部是叶子的一部分。）

花开在叶子旁边，每处开 1~3 朵。

叶子有 6~16 片。

叶柄处生着叫"托叶"的小叶子。从这个茶色的斑点流出的蜜会引来蚂蚁，这样一来，吃叶子的虫子就很难接近了。

授粉后的花会枯萎，变成豆荚。每个豆荚里会结 5~10 颗豆子（种子）。

✳ 名字的由来

因为豆荚成熟后会变得像"乌鸦"一样黑，再结合它的中文名字"野豌豆"，所以日本人叫它"乌野豌豆"，也就是"成熟后像乌鸦一样黑的野生豌豆"的意思。

它还有个日本别名叫"箭尾豌豆"，这是把它凹进去的叶尖比喻成弓箭的"箭尾"从而想出来的名字。

← 箭尾

✳ 用窄叶野豌豆玩吹笛子游戏

因为可以像笛子一样发出声响，所以窄叶野豌豆也被人叫作"哔哔豆"。

（1）摘一个青涩饱满的豆荚，剪掉蒂，拉掉丝，倒出豆子。

（2）把豆荚放到嘴里，吹气让它发出响声。

唢呐一样的声音

放到嘴里的部分

吹的时候鼻子也要出气，这样更容易响

✳ 窄叶野豌豆菜肴

窄叶野豌豆是蚕豆的小伙伴。我们来多收集一点儿窄叶野豌豆，做成菜肴吧。

从青涩饱满的豆荚里取出豆子，在放了一点儿盐的沸水里煮十几分钟，用笊篱捞出来。

煮得热乎乎的豆子，就可以撒在米饭上或是沙拉里了。

阿拉伯婆婆纳

玄参科
二年生草本植物
身高：10~20 厘米
开花时间：3~5 月

早春的时候，它会在路边或空地等向阳的地方成片地茂密生长。它那鲜艳的蓝色花朵，在太阳照射的时候会开放，在日落之后会闭合。

据说它是在明治时代，从西亚地区、欧洲地区传到日本的。

✳ 阿拉伯婆婆纳的小伙伴们

婆婆纳
长在田埂等地方。花很小，也不显眼。

常春藤婆婆纳
长在田埂或路边。据说最早是法国植物学家弗朗谢（Franchet）和萨巴捷（Savatier）在长崎发现的，所以日本人就根据两个人的名字给它命名为"弗朗萨巴草"。

直立婆婆纳
被认为是明治时代的舶来物种，它的茎是笔直的。

✳ 来观察一下它的特征吧

花蕊有 2 个。

一般来说，花开一天就凋谢了。

花瓣看上去有 4 瓣，其实是喇叭形花。

茎、叶上有细细的茸毛。

种子分成两半，上面有细细的茸毛。

利用匍匐在地上的茎大量繁殖。

✳ 名字的由来

因为这种草的果实形状有点像小狗的睾丸，所以俗称狗卵草。它的花比婆婆纳（狗卵草）更大，所以又叫"大狗卵草"。在日本，它还有个别名叫作"天人唐草"。

天葵

毛茛科
多年生草本植物
身高：15~25 厘米
开花时间：3~5 月

生长在树林边缘等背阴的地方，开出小小的白花。它和作为园艺花卉为人们熟知的耧斗菜是小伙伴。虽然它的花和叶子都很小，但是形状和耧斗菜非常像。在中国，人们把它的根当作中药的原料。

✳ 天葵的小伙伴们

山耧斗菜（日语名叫山苎环）
因为很像缠麻线的器具，所以就有了这个名字。

苎环

山乌头
日语名字叫"山乌兜"或"乌兜"。因为花的形状和舞乐（日本自古以来的舞蹈）中戴的"乌兜"很像，所以它就有了这个名字。

乌兜

全株有毒，过去曾用作狩猎用的箭毒。它的根毒性特别强，被称作"附子"。

鹅掌草
山乌头的嫩芽和春天的山野菜鹅掌草的嫩芽很像，大家要小心区分。

✳ 来观察一下它的特征吧

花瓣有 5 片。

外侧看起来像花瓣的部分是萼片变成的。

开花之后结成的果实有 4 个荚。

荚里面的种子。

花朵后部膨胀的部分储存着花蜜。

根膨胀得像球根一样。

✳ 名字的由来

它的日语名字叫"姬乌头"，"姬"的发音在日语中是"小"的意思，"乌头"则是"鸟兜"的别名。

据说因为姬乌头和山乌头的果实很像，而且和球根一样的根也和山乌头的根很像，所以就有了这个名字。

匍茎通泉草

玄参科

多年生草本植物

身高：10~15 厘米

开花时间：4~5 月

生长在土地柔软湿润、日照充足的地方。

它通过在地上匍匐的茎繁殖，可以像地毯一样蔓延生长。因为这个特点，人们想让公园等地方的地面铺满绿色时，也会种植它。

※ 匍茎通泉草的小伙伴们

通泉草

它和匍茎通泉草长得很像，但是茎只往上长，不会往旁边匍匐生长。它在干燥的地方也会生长，花会一直开到秋天。

母草

长在路边等地方。因为开花后结出的果实形状像瓜，所以日本人叫它"瓜草"。

※ 名字的由来

因为匍茎通泉草花的形状很像鹭鸶鸟，又能像苔藓一样在地上"爬"，所以日本人叫它"紫鹭苔"。

另外还有一个种类是开白花的，这种就叫"白鹭苔"或者"鹭苔"。

鹭鸶

※ 来观察一下它的特征吧

花像嘴唇一样上下分开。

开花之后结出的小小果实。

在地上匍匐的茎不断伸长，繁殖得越来越多。

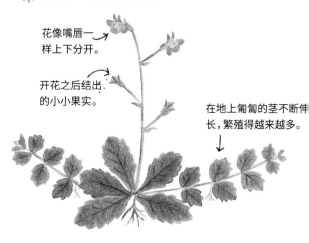

※ 覆地植物匍茎通泉草

覆地植物能让公园或花坛里的土被覆盖。匍茎通泉草能像草坪一样被当成覆地植物使用。

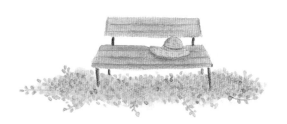

刻叶紫堇

罂粟科
二年生草本植物
身高：30~50 厘米
开花时间：4~6 月

喜欢长在树荫下柔软湿润的土地中。
开花后结出的种子虽然会在第二年春天发芽，但是当年只是让地下根系变粗壮。要发芽后的下一年，才会终于开出花来。

※ 刻叶紫堇的小伙伴们

荷包牡丹
因为开花时的样子很像钓竿上挂着的鲷鱼，所以别名也叫"鱼儿牡丹"。另外，因为看上去很像心脏被割开的样子，所以它的英文名是"Bleeding Heart"（流血的心脏）。

异果黄堇
在日本关东以西气候温暖的山间等地方可以看到它。

※ 来观察一下它的特征吧

花瓣分成 4 片。

3 ← 1 → 4
2

叶子上有小小的裂口。

开花后结出含种子的荚，成熟后荚会裂开，让种子掉出来。

种子上附着的白色部分富含糖和脂肪，所以蚂蚁会把落在地上的种子当成食物，搬回巢里。

这样，种子就可以到远处去了。

※ 名字的由来

刻叶紫堇的日文名叫"紫华鬘"。在日本，"华鬘"是指在木或铜上雕刻出花纹，而后挂在佛坛上的装饰品。据说是因为将它的花和叶子比喻成"华鬘"，所以才得名的。

华鬘

皱果蛇莓

蔷薇科
多年生草本植物
身高：10~15 厘米
开花时间：4~5 月

在水田边、路边、堤坝上等土地略湿润、草木繁茂的地方匍匐生长。

它那可爱的红色果实和名字不太相称，其实果实无毒是可以吃的。

✳ **皱果蛇莓的小伙伴们**

蛇莓（日文名叫薮蛇莓）
它的特点是植株和果实都比皱果蛇莓更大。

莓叶委陵菜（日文名叫雉子莚）
因为丛生的植株看起来很像"雏鸟坐的席（用稻草编制的坐垫）"，所以也叫"雉子莚"。叶子有 5~9 片。它和皱果蛇莓长得很像，但是不结红色果实。

北海道草莓（日文名叫虾夷蛇莓）
和水果里的草莓是小伙伴，开白色花。在日本北海道和欧洲有野生植株，在园艺店里也可以买到。

花瓣有 5 片。

有 5 枚萼片，周围还有 5 枚副萼。

叶子有 3 片。

左右两侧的叶子上有裂口。

开花后会结出红色的莓果。虽然看上去像一粒一粒的种子，但其实是果实。

通过在地上蔓延的茎（匍匐茎）繁殖。

从匍匐茎的前端长出新的芽来。

＊ **名字的由来**

因为从中国传入"蛇莓"这个名字，所以日本人就叫它"蛇莓"了，但其实蛇并不喜欢它。据说是因为它长在蛇居住的草丛里，所以才有了这个名字。

＊ **制作皱果蛇莓的花环**

将皱果蛇莓长长的匍匐茎弯成圆形，再用丝线或带子扎起来，就做成了可爱的花环啦。

"莓"以前也写作"苺"，就是"草字旁下面一个母"，就好像戴着草环的妈妈一样。母亲节的时候，就把草环一样的花环当成礼物怎么样？

＊ **草莓三姐妹**

我们把三种莓果比较一下吧。

蛇莓的特点大概介于皱果蛇莓和草莓两者之间。

	草莓	蛇莓	皱果蛇莓
花的样子	椭圆形的副萼。	很大的副萼。	很大的副萼。
	花瓣是白的。	花瓣是黄的。	花瓣是黄的。
叶的样子	左右两侧的叶子上没有裂口。	左右两侧的叶子上有小裂口。	左右两侧的叶子上有明显的裂口。
果实的样子	果实的表面是红色的。	果实的表面是红色的。	果实的表面是泛白的。
	果肉气味很香，酸酸甜甜很好吃。	果肉有充足水分和甜味。虽然气味不香，但可以吃。	果肉水分很少，干巴巴的，不好吃。

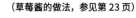

（草莓酱的做法，参见第 23 页）

蓬蘽（lěi）

薔薇科
落叶灌木
身高：50 厘米 ~1 米
开花时间：4~5 月

生长在山或树林的边缘，和日本原产的悬钩子属植物是小伙伴。

蓬蘽从过去到现在都被认为是可以吃的。

它喜欢稍微有点背阴的地方。茎会在地下蔓延，于是繁殖得越来越多。

※ **蓬蘽的小伙伴们**

茅莓（日文名叫苗代莓）
生长在堤坝等阳光好的野外。花像骨朵一样，花瓣不展开。开花后会结红色果实。

黄连叶莓
长在草丛或树林的边缘，因为枫叶（红叶）形的叶子而得名。果实是橘色的。繁殖力非常强，依靠地下的茎蔓延得很广。

覆盆子
原产于欧洲的悬钩子属植物。成熟后的果实是红色的，有独特的香气。它的法语名"Framboise"为人们熟知。

黑莓
和覆盆子一样原产于欧洲，果实成熟后会变成黑色。英文别名也叫"Bramble"。

❋ 来观察一下它的特征吧

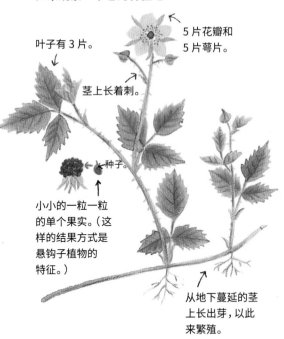

5片花瓣和
5片萼片。

叶子有 3 片。

茎上长着刺。

种子。

小小的一粒一粒
的单个果实。（这
样的结果方式是
悬钩子植物的
特征。）

从地下蔓延的茎
上长出芽，以此
来繁殖。

❋ 名字的由来

因为它属于悬钩子属植物，又像草一样
矮矮的，所以日语里就根据"草的莓"这个
意思为蓬蘽命名。

据说《万叶集》里出现的"石蒜"，有人
认为其实指的是蓬蘽，"石蒜"是日语里
"莓"的源头。

❋ 蓬蘽果酱的做法

（1）把收集来的果实去掉蒂，洗干净。

（2）把果实放到锅里，并放入同样分量的砂糖，用小
火煮。

为了不让它糊
掉，要时不时
用木铲子搅拌
一下。

（3）煮得软软的，就完成了。冷却之后，放在干净的玻璃
瓶子里保存起来吧。

用小火煮约
1 个小时。

❋ 果酱的礼品包装

（1）在玻璃瓶子上方罩上一张大小能完全盖住瓶口的蕾
丝纸。

蕾丝纸的做法

①瓶盖直径约
15 厘米

②对折 2 次后再
折成三角形。

③把三角形再
对折一下。

④剪开。

展开后就变
成了这样。

（2）用皮筋将蕾丝纸固定住，再在上面系上漂亮的缎带或
绳子。

紫云英

豆科
二年生草本植物
身高：10~20 厘米
开花时间：4~5 月

　　春天将整片农田染成紫红色的紫云英田，是人们在插秧之前的田地里播种长出来的。将开花后的紫云英直接锄在田里，它就成了可称为"绿肥"的肥料。这个时候结好的种子就会四散出来，长在田地附近。

　　它是在日本室町时代从中国传到日本的。

✳ **紫云英的小伙伴们**

马棘
在草地或堤坝上丛生。虽然茎很细，但因为属于木本植物的一种，所以很牢固。日本人叫它"系驹草"，据说就是"能拴住马那么牢固"的意思。

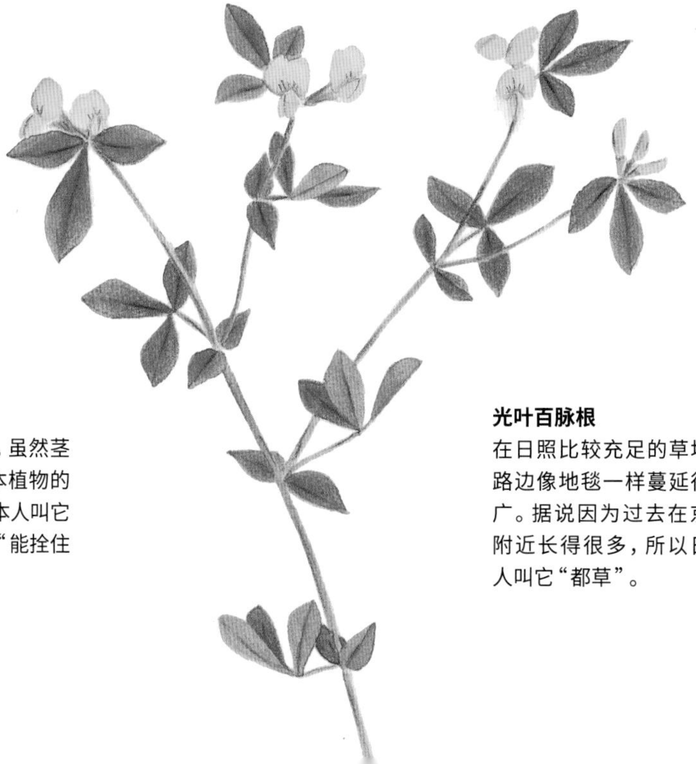

光叶百脉根
在日照比较充足的草地和路边像地毯一样蔓延得很广。据说因为过去在京都附近长得很多，所以日本人叫它"都草"。

✳ 来观察一下它的特征吧

花聚成圆圆的一簇。

开花后结出的荚里有种子。荚成熟后变黑。

叶子 7~11 片一组。

荚的截面。

← 成熟的荚。

茎在地面匍匐生长。

根上的小瘤。里面住着可以固定肥料成分的根瘤菌，所以能吸收养分。

✳ 名字的由来

据说因为花的形状很像莲华（莲花），所以日语里叫它"莲华草"。

日本也有人叫它紫云英，当然和中文发音不一样。

莲

在英语里也叫它"Chinese Milk-vetch"（中国牛奶豆）。因为紫云英的叶子富含蛋白质，给母牛或母山羊吃了之后产奶量会提高；又因为中国是原产地，所以它就有了这个名字。

丹麦黄耆（Purple Milk-vetch）
欧洲等地的野生植物，是紫云英的小伙伴。

✳ 来制作紫云英花环吧

茎会比较结实且易弯折，在花朵下方 3 厘米处，用手指轻轻地弯折花茎，就可以做花环了。

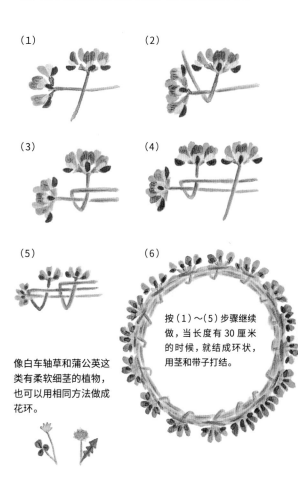

（1）

（2）

（3）

（4）

（5）

（6）

按（1）～（5）步骤继续做，当长度有 30 厘米的时候，就结成环状，用茎和带子打结。

像白车轴草和蒲公英这类有柔软细茎的植物，也可以用相同方法做成花环。

✳ 紫云英的花蜜

蜜蜂特别喜欢紫云英。据说即使旁边开着别的花，它们也会到紫云英田采蜜，直到紫云英花蜜被采光。

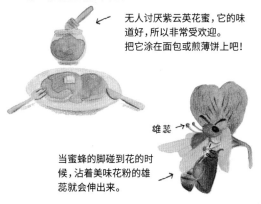

无人讨厌紫云英花蜜，它的味道好，所以非常受欢迎。把它涂在面包或煎薄饼上吧！

雄蕊

当蜜蜂的脚碰到花的时候，沾着美味花粉的雄蕊就会伸出来。

白车轴草

豆科
多年生草本植物
身高：15~25 厘米
开花时间：4~7 月

白车轴草是明治初期传到日本的。它的英文名"Clover"（三叶草）人们也很熟悉。在西方，人们从古代就将它当作牧草使用了。

在公园、空地等日照比较充足的草地上，经常可以看到它。

茎会在地面匍匐生长，像柔软的地毯一样，茂盛地蔓延开来。

※ **白车轴草的小伙伴们**

红车轴草
因为花是紫红色的，所以相对于白车轴草，人们叫它红车轴草。明治早期被当作牧草引进日本，而后野生化。

紫苜蓿
明治初期作为牧草从欧洲引进日本。英文名叫"Alfalfa"。和豆芽一样，刚长出芽的茎是可以食用的。

钝叶车轴草
据说比白车轴草稍晚从欧洲传到日本。因为叶子和花都非常小，所以日本人叫它"米粒诘草"。

✳ 来观察一下它的特征吧

许多小花聚在一起，形成球形的花。

还没授粉的花。

已经授粉的花会垂到外侧，为没授粉的花让地方。

荚藏在干枯的花里，每个荚里面有 2~3 颗种子。

长花的茎没有叶子。

叶有三片，叶子周围有小小的锯齿。

茎在地面匍匐，并长出根来繁殖。

根瘤菌。

✳ 名字的由来

江户时代，人们从荷兰往日本运输玻璃器皿时，会塞入干草作为缓冲材料。据说干草上掉落的种子开出了白花，所以日本人就给它起名叫"白诘草"（"诘"在日语里表示塞入）。

✳ 四叶的三叶草

因为有四片叶子的白车轴草很罕见，所以有一个美好的传说，认为找到四叶的三叶草会让人获得幸福。

黑色三叶草是白车轴草的变异种。叶子的中心是黑色的，而且有很多是四叶的。

✳ 白车轴草的纹章

白车轴草的英文名也叫作"Shamrock"，是爱尔兰的国花，经常会被设计在纹章中。

沙姆洛克流浪队（爱尔兰足球队）的标志

爱尔兰航空公司的飞机

尾翼上有三叶草标记

✳ 蜜蜂与三叶草的诗

因为白车轴草的小伙伴们很招蜜蜂喜欢，蜜蜂总来采它们的花蜜，于是在美国就诞生了这么美丽的诗。

> 造就一片草原——需要三叶草和蜜蜂
> 三叶草一棵，蜜蜂一只
> 再加一个梦——
> 光靠梦也成
> 要是没有蜜蜂的话。
>
> ——艾米莉·狄金森
> （1830—1886）作

✳ 白车轴草的干草

白车轴草对牛、马来说是营养丰富的饲料。牧场为了应对没有草的冬天，就会在夏天制作干草。

制作干草

（1）在开始结种子的时期把草割下来，保持原样在地上放几天晾干。

（2）晾干后，通过揉、卷等方式，把草保管在仓库里。

好的干草是绿色且柔软的，而且富含比例均衡的叶与茎、花与果（种）。

薤（xiè）白

百合科
多年生草本植物
身高：30~60 厘米
开花时间：4~6 月

生长在日照充足的路边或河岸边。

它有葱一样的气味，在《古事记》里就有"摘野蒜""摘蒜"（野蒜就是薤白）的记载，所以在日本自古就被人们当成食物了。

在中国和朝鲜半岛也有野生薤白，并被用于制作药材。

❋ **薤白的小伙伴们**

绵枣儿
长在山附近。长花的茎上不生叶子，有葱的气味，可以食用。8~9 月开花。

春星韭
原产于拉丁美洲。本来是作为园艺用花传到日本的，现在已在野外繁殖。会在日照较充足的草地等处簇生，有韭菜的气味。

蓝瑰花
原产于欧洲，作为园艺球根植物被卖到日本。它是绵枣儿属植物，不过没有葱的气味。

✳ 来观察一下它的特征吧

花聚在一起。→

茎的截面是 U 字形的。

开花的同时会结出"珠芽"。

茎中间是个空洞。

珠芽的截面。

发白的球根。

✳ 珠芽是什么?

日语里叫它"零余子"。这是一种长在茎或叶上,与块根、球根性质相同的块状物。珠芽掉落在地上后,就能发芽。

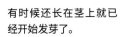
薤白的珠芽

有时候还长在茎上就已经开始发芽了。

卷丹的珠芽
长在叶柄上。

日本薯蓣的珠芽
长在叶子旁边。作为食材贩卖的"珠芽",主要就是指它。

珠芽饭

✳ 名字的由来

在日本,"蒜"可以用来指类似葱的所有小伙伴,所以日本人叫它"野蒜",表示"野生的蒜"。还有一种说法是因为野蒜嚼起来很辣,嘴里"刺痛",所以叫"蒜"(日文发音和"刺痛"相似)。

✳ 薤白的美味食谱

（薤白奶油芝士）

取薤白嫩叶少许,和荷兰芹一起切成碎末,拌在奶油芝士里,然后涂在面包或咸饼干上。

（醋腌薤白）

摘取薤白珠芽后清洗干净,在用寿司醋和盐调过味的葡萄酒醋里腌渍 1~2 天。可以作为熏鲑鱼的佐料,也可以撒在沙拉上。

虽然薤白的球根有辣味,但是珠芽并不辣,倒是有洋葱的味道。

（醋味噌拌菜）

将经历过夏、秋季长得肿大的球根挖出来,迅速焯一下,放在醋味噌拌菜里吧。

（炖菜）

将焯过的薤白球根,用料酒、酱油、少量砂糖煮成清淡的炖菜。

✳ 薤白外敷药

薤白球根捣碎后,可以用来治疗湿疹或蚊虫叮咬,有止痒的效果。

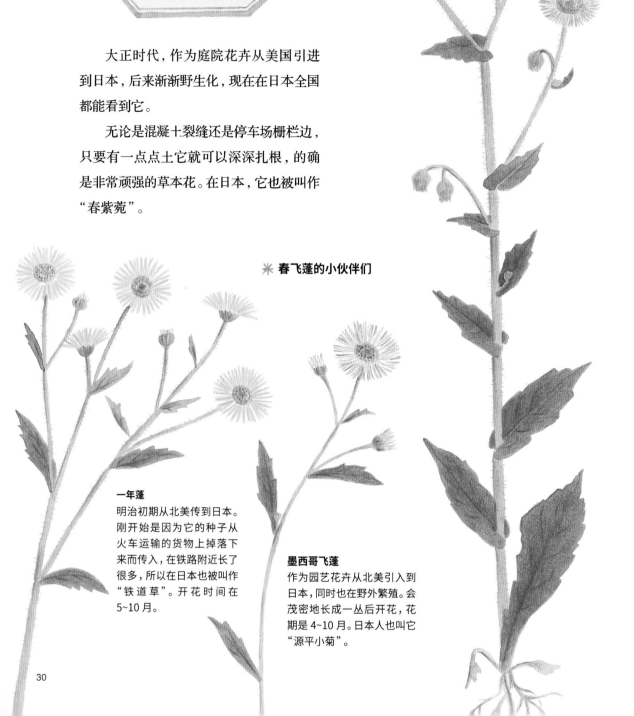

春飞蓬

菊科
多年生草本植物
身高：30~60 厘米
开花时间：4~6 月

大正时代，作为庭院花卉从美国引进到日本，后来渐渐野生化，现在在日本全国都能看到它。

无论是混凝土裂缝还是停车场栅栏边，只要有一点点土它就可以深深扎根，的确是非常顽强的草本花。在日本，它也被叫作"春紫菀"。

❈ **春飞蓬的小伙伴们**

一年蓬
明治初期从北美传到日本。刚开始是因为它的种子从火车运输的货物上掉落下来而传入，在铁路附近长了很多，所以在日本也被叫作"铁道草"。开花时间在5~10月。

墨西哥飞蓬
作为园艺花卉从北美引入到日本，同时也在野外繁殖。会茂密地长成一丛后开花，花期是4~10月。日本人也叫它"源平小菊"。

✳ 来观察一下它的特征吧

它和一年蓬长得很像，观察特征的时候注意它们的不同点哦。

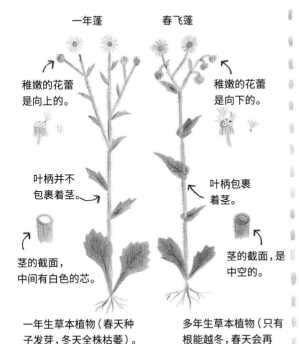

一年蓬　　　　春飞蓬

稚嫩的花蕾是向上的。

稚嫩的花蕾是向下的。

叶柄并不包裹着茎。

叶柄包裹着茎。

茎的截面，中间有白色的芯。

茎的截面，是中空的。

一年生草本植物（春天种子发芽，冬天全株枯萎）。

多年生草本植物（只有根能越冬，春天会再发芽）。

✳ 菊科的特征

春飞蓬这类菊科的花，看起来像是一朵，其实都是两种小花聚在一起形成的。

（1）管状花
只有雄蕊和雌蕊，没有花瓣。

（2）舌状花
有雄蕊、雌蕊和1片花瓣。

另外，根据花朵的聚集方式可以分成两组。

（菊组）中心是管状花组成的，舌状花围在四周。

春飞蓬　　　**母菊**　　　**向日葵**

（蒲公英组）全花都是由舌状花组成的。

蒲公英　　　**黄鹌菜**　　　**大丽花**

✳ 名字的由来

因为它和秋天开花、同属菊科的紫菀非常像，所以日本人就根据"春天开花的紫菀"这个意思，叫它"春紫菀"。

紫菀

✳ 春飞蓬也能做成药

春飞蓬曾被美洲原住民当作药物使用。用它煎成的茶被当作止血药，用它的花研磨成的粉末被当成"闻的药"，用来治疗头痛、感冒。

✳ 春飞蓬园艺

春飞蓬本来是种在院子里的花，将它连根挖出后种在花盆或花架上，装饰在门口吧！

把三叶草、三色堇等个子矮的草花种在前面。

把春飞蓬种在后面。

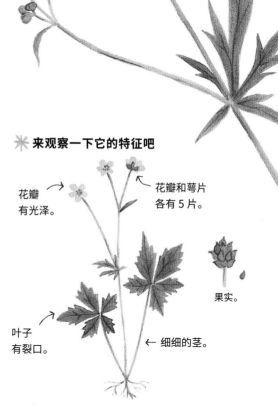

毛茛

毛茛科
多年生草本植物
身高：50~60 厘米
开花时间：4~5 月

在山或树林边缘日照较充足的地方成丛生长。

虽然姿态窈窕，但其叶、茎、根全株有毒。

黄色的花瓣犹如涂了黄油一般，发出润泽的光。

❋ 毛茛的小伙伴们

钩柱毛茛
长在水田或水渠等湿地。因为叶子的形状很像牡丹叶子，所以日语名叫"狐狸牡丹"。

不是这个"扣子（日语发音同'牡丹'）"啦。

牡丹

石龙芮
长在水田等湿地。花的形状和钩柱毛茛很像。

❋ 来观察一下它的特征吧

花瓣有光泽。

花瓣和萼片各有 5 片。

果实。

叶子有裂口。

← 细细的茎。

❋ 名字的由来
日本人叫它"金凤花"。这本来是它的小伙伴、某种重瓣园艺用花的名字，但是日本人把野生毛茛叫作金凤花。它的英语名是"Buttercup"（黄油杯）。它还有个日语名字叫"马脚形"，但这个名字的由来不是很清楚。

野芝麻

唇形科
多年生草本植物
身高：30~50 厘米
开花时间：3~6 月

在树林边或树下等地方成丛生长。花有白色、粉色和浅黄色等多种颜色。

很久以前人们就将它的嫩芽当成食物了。在法国等地方，人们也将它作为制作化妆水的材料。

※ 野芝麻的小伙伴们

小野芝麻
原产于欧洲，明治时代传到日本。比野芝麻小，顶部的叶子带红色。

宝盖草
因为相对而生的叶子像佛祖座下的莲台叶子一样，所以它在日语里名叫"佛座草"。

※ 名字的由来

因为野芝麻花的形状很像带着斗笠跳舞的女子，所以日语名叫"舞女草"。

跳着"阿波舞"的舞女

※ 来观察一下它的特征吧

茎的截面是四边形，叶子交替对称生长。

花长在叶子的上方。

叶子有锯齿。

果实分成 4 瓣。

如果茎的下方碰到了土，就会长出根来繁殖。

※ 野芝麻的花蜜

野芝麻储存着丰富的花蜜，以至于吸一吸花的根部，就会尝到甜味。它从很久以前就作为蜜蜂喜爱采的植物而知名。

dead nettle honey

长果罂粟

罂粟科
一年生草本植物
身高：20~50 厘米
开花时间：4~5 月

春天会在日照比较充足的路边等地方成簇开花。

原产地是地中海区域。种子混在行李中从外国来到日本，在 20 世纪 60 年代左右开始成为常见的野草。

✳ 长果罂粟的小伙伴们

罂粟
室町时代传到日本。划开稚嫩的果实会流出白色液体，液体干燥后就是鸦片，可作麻醉药的原料（禁止民间栽培）。

野罂粟
在西伯利亚等北部地区生长，在日本则作为园艺植物种在花园里。

✳ 来观察一下它的特征吧

成熟的果实上侧有窗户一样的开口。被风吹动的时候，种子就会从这里掉落出来。

截面。

开花之后会结出狭长的果实，里面有很多小种子。

花瓣有 4 片。

茎和叶子上有一层薄薄的毛。

✳ 名字的由来

日文名叫"芥子"。"芥子"本来指的是十字花科的芥菜。据说因为罂粟种子和芥菜种子很像，所以被人们叫错了。

长果罂粟这个名字的意思就是"结出很长的荚的罂粟"。

芥菜

种子

庭菖蒲

鸢尾科
多年生草本植物
身高：20~30 厘米
开花时间：4~6 月

在日照较充足的草地或堤坝上，像漫天星辰一样，开出许多粉色、淡紫色或是白色的花。

原产地是美国，明治时代传到了日本。在美国，还有开蓝色、黄色花的品种。

✳ 庭菖蒲的小伙伴们

溪荪
生长在山间、原野上。因为在花瓣上有被叫作"文目"的网状花纹，所以日语名发音和"文目"一样。

蝴蝶花
在树林或竹林边缘的背阴处开放。

燕子花
在日本，有句有名的话叫："不知选谁好，菖蒲与杜若。"（意思是：两者都很好看，很难选择。菖蒲与杜若分别是溪荪与燕子花的日语名。）喜欢湿地或浅水边，没有网状花纹。

玉蝉花
喜欢湿地。开的花比燕子花还要大。

✳ 来观察一下它的特征吧

大花瓣和小花瓣交错排列，大花瓣是萼片变成的。

圆形的果实。成熟后会裂开，种子会掉出来。

叶子是细长的。

花只开一天就凋谢，接着其他花陆续开放。

✳ 名字的由来

因为叶子的形状和天南星科的植物"石菖蒲"很像，所以根据"庭院里开的石菖蒲"这个意思，人们给它起了名叫"庭菖蒲"。

花的形状倒是完全不同呢。

石菖蒲

野蔷薇

蔷薇科
落叶灌木
身高：1~1.5 米
开花时间：5~6 月

说到在野外生长的蔷薇代表，就属野蔷薇了。它们扎根在河边等日照比较充足的地方，长成一片。

初夏的时候，它会开出成串的白花，发出微弱的香味。

它是日本自古以来就有的植物，果实曾被用作药物。

✳ **野蔷薇的小伙伴们**

光叶蔷薇
喜欢大海附近干燥的地方，在地面上匍匐生长。因为叶子上有光泽，所以被叫作"光叶蔷薇"。

犬蔷薇
广泛生长于欧洲等地。别名叫"欧洲野蔷薇"。

木香花
江户时代作为园艺植物从中国传到日本。会长出没有刺的长蔓，开出很多花。花的颜色有黄色和白色两种，白花会发出清爽的香气。

✲ 来观察一下它的特征吧

花会像穗子一样
聚在一起开放。

花瓣有 5 片。

叶子有 5~9 片。

茎上的刺。

开花后结出的果实，
秋天会变成红色。

✲ 来对比看一看蔷薇科的特征吧

蔷薇科是一个很大的家族，草莓和樱花
都是蔷薇科的。

(1) 花瓣基本上是5片。

蓬蘽

野蔷薇

园艺品种的蔷
薇有很多花瓣，
这是由雄蕊变
形而成的。

皱果蛇莓

樱花

(2) 叶子的片数多为奇数。一般认为这类植物最初是一
片叶子，后来分化成了多片。

蓬蘽

野蔷薇

日本野生树莓的
叶子还保留着分
化前的形状。

皱果蛇莓

樱花

✲ 名字的由来

日文名叫"野茨"。"茨"本来指的是包
括枳在内的所有带刺植物，不过慢慢地就变
成专指蔷薇科小伙伴们了。"野"就是"野
生"的意思。

枳

庭院蔷薇，野蔷薇

园艺品种的蔷薇因为是以野生蔷薇为基础人工培育出来
的，所以不是很壮实。因此，就要把园艺品种蔷薇的枝
嫁接在野蔷薇的苗上，这样就可以长得很壮了。园艺品
种的蔷薇苗大多数都是用这种办法培育出来的。

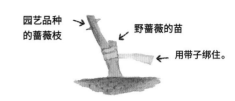

园艺品种
的蔷薇枝

野蔷薇的苗

用带子绑住。

✲ 野蔷薇的果实

野蔷薇的果实是中药"营实"的原料，
可以用来做泻药（促进肠道蠕动的药）等。

因为药效很强，请不
要轻易服用。

犬蔷薇的果实"蔷
薇果"可以做成花草茶
售卖。

蔷薇果
没有泻药的效果，
富含维生素 C

**蔷薇果酱
的制作方法**

（1）把干燥的蔷薇果放
在水里泡半天，恢
复水分。

（2）放入和蔷薇果分量相
同的砂糖，一边搅拌
一边用小火煮。

（3）水分不够的话，
再添水调整。

鱼腥草

三白草科
多年生草本植物
身高：20~40 厘米
开花时间：5~7 月

在半阴的草丛等地方大量丛生，蔓延很广。从古时候起就被当作民间药材；而且饥荒的时候，它的叶子和根也会被当成食物。

叶子和茎上有独特的味道。

※ 鱼腥草的小伙伴们

重瓣鱼腥草
鱼腥草突然变异形成的品种，花看起来宛如重瓣。

花叶鱼腥草
叶子上有漂亮的斑点，是从突然变异品种培育成的观赏植物，比普通鱼腥草繁殖力弱。

※ 名字的由来

据说因为它有独特的臭味，所以人们就叫它"鱼腥"，后来就变成了"鱼腥草"。

它对高血压、便秘、脓疮、蓄脓症等多种病症都有效果，所以在日本有"十药"之称。

※ 来观察一下它的特征吧

小小的没有花瓣的花聚在一起，构成了穗形的花。

看起来有 4 片花瓣，其实这是名叫"苞片"的叶子变形而成的。

一朵花

果实
开花之后会结出种子，但是在日本用这颗种子培育出的植株是不能结种子的。

叶子是心形的。

依靠在地下蔓延的地下茎发芽，繁殖得越来越多。

※ 对身体有好处的鱼腥草茶

将摘下来的鱼腥草叶子洗干净，放在处理食品的过滤袋里，挂在背阴的地方晾干。

把晾干后的叶子放在茶壶里，倒入热水，5 分钟后就可以喝了。如果不喜欢它的味道，可以把它和薏仁茶、乌龙茶等混在一起，就很好喝了。

绶草

兰科
多年生草本植物
身高：15~20 厘米
开花时间：5~7 月

　　梅雨将近的时候，在日照充足的堤坝或草地上，绶草会开出很多粉红色的小花。

　　它是兰花的小伙伴。虽然一朵朵的花都非常小，但是仔细看就会发现花的形状非常华美。

※ 绶草的小伙伴们

虾脊兰
生长在山谷间，是野生的兰花。

卡特兰
原产于中美洲及南美洲，是花店里常见的兰花。

※ 名字的由来

　　因为花排列的形状像螺旋扭转的绶带一样，所以人们给它起了这个名字。日文别名叫"文知摺"。据说是因为平安时代，在现在日本福岛县这个地方，有一种叫"文知摺"的染布，做法就是把绶草扭出汁，给铺在石头上的绢料涂擦染色，所以就有了这个名字。

复原记录后得到的"文知摺"纹样。

染制"文知摺"时使用的"菱形石"，遗留在日本福岛县。

※ 来观察一下它的特征吧

花呈螺旋扭转式排列，从下往上依次开放。扭转的方向有顺时针和逆时针两种。

开花后结出的种子。

叶子是细长的。

根上带有菌根真菌，并通过它从土壤中摄取营养（这是兰科植物的共同特征）。

根又白又粗。

※ 绶草项链

　　把绶草花用线穿起来，做成可爱的项链吧。它的花可以保持一天呢。

穿针引线，把花串起来。

长鬃蓼

蓼科
一年生草本植物
身高：25~40 厘米
开花时间：5~10 月

　　它在道边、空地等各种地方都可以生长。无论是向阳的地方还是背阴的地方，它都能大量繁殖，持续不断地开花。

　　它和蓝染时用的蓼蓝是同科小伙伴。虽然它比蓼蓝小，但是花和叶子的形状都非常像。

❋ 长鬃蓼的小伙伴们

蓼蓝
可以用于制作青色的染料。英语名为"Indigo"。因为用蓝染工艺制成的衣料兼有防虫的效果，所以自古便获得人们的重视。

水蓼
喜欢水边。叶子像柳叶一样细，有芥末一样的辣味。会被用作刺身的佐料和蓼醋的原料。开花时间为 7~10 月。

❋ 名字的由来

　　"蓼"本来指的是因为叶子有辣味而做成佐料的"水蓼"。因为长鬃蓼没有辣味，不能用作佐料，派不上用场，所以日本人给它起名叫"犬蓼"。不过事实上狗并不吃它。另外，孩子们过家家的时候会把它的花假装成是红豆饭，所以它还有个日语别名叫"红家家"。

❋ 来观察一下它的特征吧

像穗子一样聚在一起开的花。

从叶柄长出膜一样的托叶包住了茎。

开花后结出的种子。

托叶边缘有细毛。

茎的下部贴着土地，长出根后用来繁殖。

❋ 蓼醋食谱

　　用水蓼做成的"蓼醋"，因从前被用来涂在盐烤鲇鱼上而知名。其实涂在其他烤鱼上也很好吃哦！

（1）按照每人6~7片叶子的量，取水蓼叶子若干，放在研磨钵里研磨。

（2）按照每人1大勺米醋的量，将米醋倒在水蓼上过滤。被染绿的醋就是"蓼醋"了。

中日老鹳草

牻牛儿苗科
多年生草本植物
身高：30~50 厘米
开花时间：7~10 月

　　多见于山或树林周边这些还保留着自然的地方。在日本，人们从江户时代起就将它的叶子煎过后做成民间药物使用。据说它在东日本多开白色花，在西日本多开紫红色花。

✳ 中日老鹳草的小伙伴们

野老鹳草
昭和初期从美国引进到日本，现在在日本全国的住宅区都能见到它。特征是花朵很小，叶子的锯齿很深。

香叶天竺葵
作为一种香草被种在庭院里，和中日老鹳草是所属稍微不同的近亲。

✳ 名字的由来

　　中日老鹳草作为治疗腹泻的药物，饮用后马上就会见效，所以日本人叫它"现之证据"。

　　又因为种子荚的形状和祭祀时的神轿很像，所以它还有个日文别名叫"神轿草"。

神轿

✳ 来观察一下它的特征吧

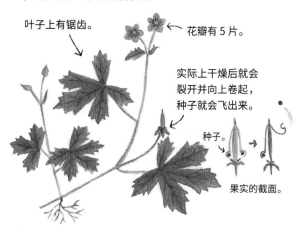

叶子上有锯齿。

花瓣有 5 片。

实际上干燥后就会裂开并向上卷起，种子就会飞出来。

种子。

果实的截面。

✳ 中日老鹳草泡澡

　　将中日老鹳草干燥后的叶子放在烹饪用的过滤袋里，然后放在热水中。据说对调养肠胃、温暖身体有效果。

保存好在冬天也能用。

酢浆草

酢浆草科
多年生草本植物
身高：5~10 厘米
开花时间：3~10 月

三片心形叶子连在一起的样子有点像三叶草。

它不仅长在空地、草原等地方，连在路边的沥青裂缝里，它的茎也能匍匐繁衍得越来越多，是一种很顽强的植物。

❋ 酢浆草的小伙伴们

红色酢浆草
和酢浆草非常像，只是叶子的颜色是带红色的。

关节酢浆草
和红花酢浆草非常像，特征是长着薯类一样的圆形球根，花朵中心是深紫红色的。

红花酢浆草
原产于南美。原本是江户时代作为园艺花卉引进到日本的，结果渐渐野化繁殖。拥有百合根形的球根。

❋ 来观察一下它的特征吧

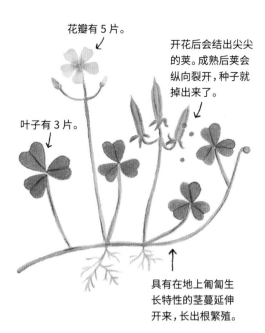

花瓣有 5 片。

开花后会结出尖尖的荚。成熟后荚会纵向裂开，种子就掉出来了。

叶子有 3 片。

具有在地上匍匐生长特性的茎蔓延伸开来，长出根繁殖。

❋ 名字的由来

酢浆草到了晚上会把叶子合起来，因为合起来的叶子看起来像缺了一部分似的，所以日本人给它起名叫"片喰"（编者注：日语中有被咬了一口、不完整的意思）。

另外，因为它的叶子嚼起来有酸味，所以古时候就有"酢浆草"的名字，意思是"酸酸的草"。

因为它对肠胃不好，所以不要吃它，也不要把它喂给动物哦。

❋ 酢浆草叶做去污粉

酢浆草中含有除去铜锈等锈迹的成分。

因此，过去人们会把它当作擦拭铜镜等物品的"去污粉"来用。

酢浆草去污粉的做法

（1）收集1研磨钵左右的酢浆草茎叶。

（2）研磨。

（3）用布装好后擦拭铜硬币之类的物品，物品就会变亮啦。

❋ 酢浆草家纹

不断繁殖的酢浆草蓬勃旺盛，所以从以前就被认为寓意很好，经常被用来做"家纹"（家族的纹章）。

带酢浆草纹样的"小方绸巾"（用来包礼物的布）。

带酢浆草纹样的碗。

← 七之酢浆草纹的旗帜。

这是日本战国大名、土佐的长宗我部元亲氏的家纹。

狗尾草

禾本科
一年生草本植物
身高：20~60 厘米
开花时间：7~11 月

从夏天到秋天，在日照充足的路边或草地上，随处都可以看到狗尾草摇着它的穗子。

在日本，狗尾草虽然是自古以来的常见野草，但也有说法认为它是从中国、朝鲜半岛运米的时候一起传播过去的。

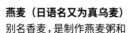

※ 狗尾草的小伙伴们

紫狗尾草
因为从花底下长出的毛是略带紫红色的，所以穗子整体看起来是紫色的。

燕麦（日语名又为真乌麦）
别名香麦，是制作燕麦粥和威士忌的原料。被作为食用植物栽培的植株会野生化。明治时代作为牧草传到日本。

嫩嫩的花穗

白茅
在日照充足的河滩等地方成丛生长。它是甘蔗的近亲，所以它的嫩花穗会有甜味。

✳ 来观察一下它的特征吧

风把花粉吹到雌蕊上就会结出种子。因为不需要昆虫驻足，所以花也不显眼（这是禾本科的共同特征）。

细长的叶子。

花的集合。

花底下长着毛。

茎的根部会在地上匍匐繁殖。

果实（种子）

✳ 名字的由来

据说"狗尾"的来源是"狗崽"，也就是"小狗"。人们把它的穗子比喻成小狗的尾巴，所以起了这个名字。

英文名叫"Foxtail Grass"（狐狸尾巴草）。

Foxtail（狐狸尾巴）

另外，因为猫喜欢玩狗尾草，所以它也被叫作"逗猫草"。

✳ 猫狗的沙拉菜

猫狗喜欢吃狗尾草这类禾本科植物的叶子。据说禾本科的草类所含的成分，有促进猫狗胃肠蠕动的作用。

宠物店里会把燕麦的幼苗或种子当成"猫草""猫沙拉菜"来卖。

猫沙拉

猫草

✳ 小米的祖先狗尾草

据说用来做黄米年糕的谷物小米，就是很久以前中国和中亚地区的人将狗尾草改良后栽培出来的。

小米

黄米年糕

日本也是一样，在大米还没传过来的绳纹时代人们就开始栽培它、吃它的果实了。

最近很流行将少量小米混在大米里煮饭。小米也经常被用来当作小鸟、仓鼠的食物。

✳ 小鸟餐厅

在阳台或院子里放一张台子，上面放一些成熟的狗尾草、燕麦、葵花籽等等，喜欢吃谷物的小鸟就会过来了。

白腰朱顶雀

麻雀

金翅雀

草穗花环

在花店买来的花环上缠上狗尾草或燕麦的穗，就可以挂在大门上了。

索引

✳ 前田真由美

1964 年生于神户市。以美丽、纤细的草花插画为中心，活跃于广告、图书等行业。著作有《小小花园书》（青铜新社）、《钟情亚麻》、《随时的我，自然的衣》（文化出版局）等。

个人主页　http://www.lin-net.com

✳ 主要参考文献

『小事典　野草の手帖』　中田武正著（講談社）

『小学館の図鑑 NEO 2　植物』　門田祐一監修他（小学館）

『万葉植物事典「万葉植物を読む」』　山田卓三　中嶋信太郎著（北隆館）

『野草の料理』　甘糟幸子著（中央公論社）

『古事記のフローラ』　松本孝芳著（海青社）

『日本の植物と自然』　前川文夫著（八坂書房）

『植物知識』　牧野富太郎著（講談社）

『植物和名の語源研究』　深津正著（八坂書房）

『Quark スペシャル　毒草の誘惑』　植松黎著（講談社）

『花の日本史』シリーズ「自然と人間の日本史」　木村陽二郎監修（新人物往来社）

『Wild Flowers of Britain』(Roger Phillips,Macmilan,London)

『Wildflowers for All Seasons』
(Ghillean T.Prance/Anna Vojtek,Crownpublishers,New York)

『Wild Flower Gardening』(John Stevens.Dorling Kindersley,London)

协助取材：もちずり美術史料館『傳光閣』

很多野花、野草长得非常像，请不要轻易采摘和食用。在用野花、野草做料理食用时，请务必要有大人陪同！

野花、野草的开花时间会因地域产生差异。

我们身边的野花图鉴

作　　者　[日]前田真由美
译　　者　夏言
审　　校　刘夙
策划出品　雅众文化
策划编辑　陈巧文
责任编辑　胡瑞颖
特约编辑　刘苏瑶　马济园
责任校对　薛晓红　时东明
装帧设计　方 为　冯逸珺
出版发行　华东师范大学出版社
社　　址　上海市中山北路 3663 号　邮编　200062
网　　址　www.ecnupress.com.cn
总　　机　021-60821666　行政传真 021-62572105
客服电话　021-62865537
门市（邮购）电话　021-62869887
地　　址　上海市中山北路 3663 号华东师范大学校内先锋路口
网　　店　http://hdsdcbs.tmall.com
印　刷　者　山东临沂新华印刷物流集团有限责任公司
开　　本　180×242 16 开
印　　张　6
版　　次　2021 年 12 月第 1 版
印　　次　2021 年 12 月第 1 次
书　　号　978-7-5760-1757-1
定　　价　98.00 元（共 2 册）
出 版 人　王 焰

（如发现本版图书有印订质量问题，请寄回本社客服中心调换或电话 021-62865537 联系）

图书在版编目（CIP）数据

我们身边的野花图鉴/（日）前田真由美著；夏言译. -- 上海：华东师范大学出版社，2021
ISBN 978-7-5760-1757-1

Ⅰ.①我… Ⅱ.①前…②夏… Ⅲ.①野生植物—花卉—图集 Ⅳ.① Q949.4-64

中国版本图书馆 CIP 数据核字 (2021) 第 100748 号

No no Hana Ehon - Haru to Natsu no Hana
Copyright © 2009 by Mayumi Maeda
First published in Japan in 2009 by Asunaro Shobo Co., Ltd., Tokyo
Simplified Chinese translation rights arranged with Asunaro Shobo Co., Ltd.
through Japan Foreign-Rights Centre/ Bardon-Chinese Media Agency

No no Hana Ehon - Aki to Fuyu no Hana
Copyright © 2010 by Mayumi Maeda
First published in Japan in 2010 by Asunaro Shobo Co., Ltd., Tokyo
Simplified Chinese translation rights arranged with Asunaro Shobo Co., Ltd.
through Japan Foreign-Rights Centre/ Bardon-Chinese Media Agency

上海市版权局著作权合同登记 图字：09-2020-459

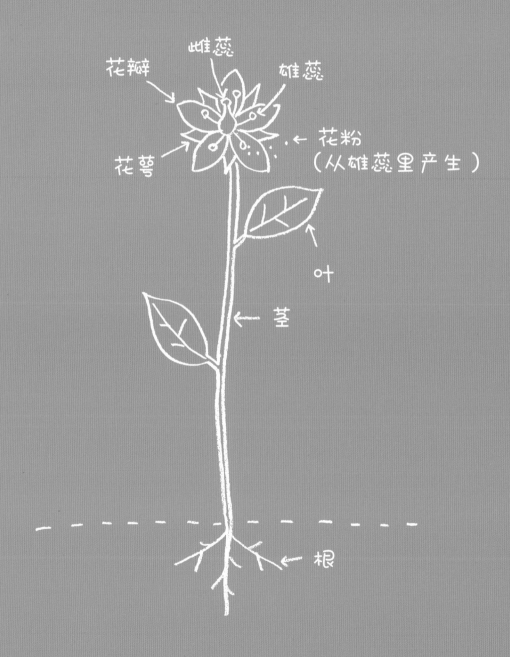